FORSCHUNGSBERICHT DES LANDES NORDRHEIN-WESTFALEN

Nr. 2594/Fachgruppe Chemie

Herausgegeben im Auftrage des Ministerpräsidenten Heinz Kühn
vom Minister für Wissenschaft und Forschung Johannes Rau

Dr. Dieter Berg
Prof. Dr. Dr. Herbert Witzel
Institut für Biochemie
der Westfälischen Wilhelms-Universität Münster

Untersuchungen zur Enzym-katalysierten Spaltung von Phosphorsäurediestern durch eine Nuclease aus *Sinapis alba*

Springer Fachmedien Wiesbaden GmbH

© 1976 by Springer Fachmedien Wiesbaden
Ursprünglich erschienen bei Westdeutscher Verlag GmbH, Opladen 1976.

ISBN 978-3-531-02594-0 ISBN 978-3-663-06791-7 (eBook)
DOI 10.1007/978-3-663-06791-7

Inhaltsverzeichnis

1. Einleitung

Homogenate von Senfkeimlingen (*Sinapis alba*) besitzen eine auffallend hohe Aktivität für die hydrolytische Spaltung der Phosphorsäurediesterbindungen in den Nucleinsäuren. Fraktionierungen lassen erkennen, daß es sich hier um ein Gemisch von Phosphodiesterasen handelt. Stark ausgeprägt ist neben einer Diesteraseaktivität, die bei pH 5 ein Optimum besitzt, eine Aktivität im pH-Bereich zwischen 8 und 9. Beide Phosphodiesterasen spalten sowohl RNS als auch DNS.

Die im alkalischen pH-Bereich wirkende Diesterase benötigt als Cofaktor ein zweiwertiges Metallion. Sie verhält sich dabei wie die von Harvey et al. [1,2], Udvardy et al. [3] und Lerch und Wolf [4] untersuchten alkalischen Phosphorsäurediesterasen aus Karotten, Haferkeimlingen und Zuckerrübenblättern. Auch die von Laskowski [5,6] näher untersuchte Schlangengiftdiesterase muß in diese Gruppe eingeordnet werden.

Wenn auch eine Reihe von Daten über den Reaktionsablauf und die Spezifität vorliegen, so ist über die Funktion des Metallions nur wenig bekannt. Theoretisch ist es möglich, daß das Metallion durch Ligandierungen die Konformation des Enzyms vor allem im aktiven Zentrum stabilisiert. Diese Annahme wurde von Storkebaum und Witzel [7] für eine ebenfalls im alkalischen pH-Bereich arbeitende Phosphorsäurediesterase nahegelegt.

Das Metallion sollte aber auch in der Lage sein, in die Katalyse einzugreifen. Ein solcher Vorschlag wurde zunächst von Becker [8] gemacht, der aus der pH-Abhängigkeit den Angriff eines Hydroxoliganden aus dem Metallkomplex postulierte, der die 3′-OH-Gruppe des Diesters substituiert.
Der Aufklärung der Funktion des Metallions kommt eine besondere Bedeutung zu, weil seit den Untersuchungen von Dimroth und Witzel [9] bekannt ist, daß Metallionen auch ohne Mitwirkung eines Proteins die Spaltung von Dinucleosidphosphaten katalysieren können. Diese Katalysen verlaufen jeweils in dem pH-Bereich, wo der Übergang von Aquo-Liganden in Hydroxo-Liganden zu erwarten ist [10]. Wenn auch hier noch höhere Temperaturen notwendig sind, so könnte aus den Erfahrungen, die aus der Funktion bei der enzymatischen Katalyse zu erhalten sind, Rückschlüsse gezogen werden auf die nichtenzymatischen Hydrolysen und Auskünfte gegeben werden, ob solche Mechanismen auch für die Toxizität einer Reihe von Schwermetallionen verantwortlich gemacht werden könnte. Schließlich verhindern einzelne Brüche in der Polynucleotidkette bereits jede Transskription der RNS in der Proteinbiosynthese.
Ungeachtet dieses Aspektes erscheint eine genauere Kenntnis der enzymkatalysierten Diesterspaltung und ihres Reaktionsmechanismus wünschenswert, da hier - anders als bei den Ribonucleasen - die 3′-Diesterbindung hydrolysiert wird und somit andere Katalyseprinzipien zum Einsatz kommen dürften. Die Ergebnisse der Untersuchungen werden im folgenden dargestellt.

2. Isolierung

Ein Verfahren zur Isolierung der alkalischen Diesterase aus Senfkeimlingen wurde bereits von Becker angegeben [8]. Da die

Aktivität des Enzyms in Gegenwart hoher Salzkonzentrationen verloren geht, wurde die dort durchgeführte fraktionierte Ammoniumsulfatfällung vermieden. Stattdessen wurde versucht, das Enzym unter Ausnutzung seiner Affinität zu Phosphorsäurediestern an ein Trägermaterial zu binden. Hierfür wurde Phosphocellulose durch Umsetzung mit t-Butylchlorid in die entsprechende Phosphodiestercellulose (PDC) übergeführt. In Vorversuchen wurde die pH-Abhängigkeit der Bindung des Enzyms an die PDC getestet und ein Optimum bei pH 7,8 gefunden. Der gesamte Isolierungsgang läßt sich wie folgt wiedergeben:

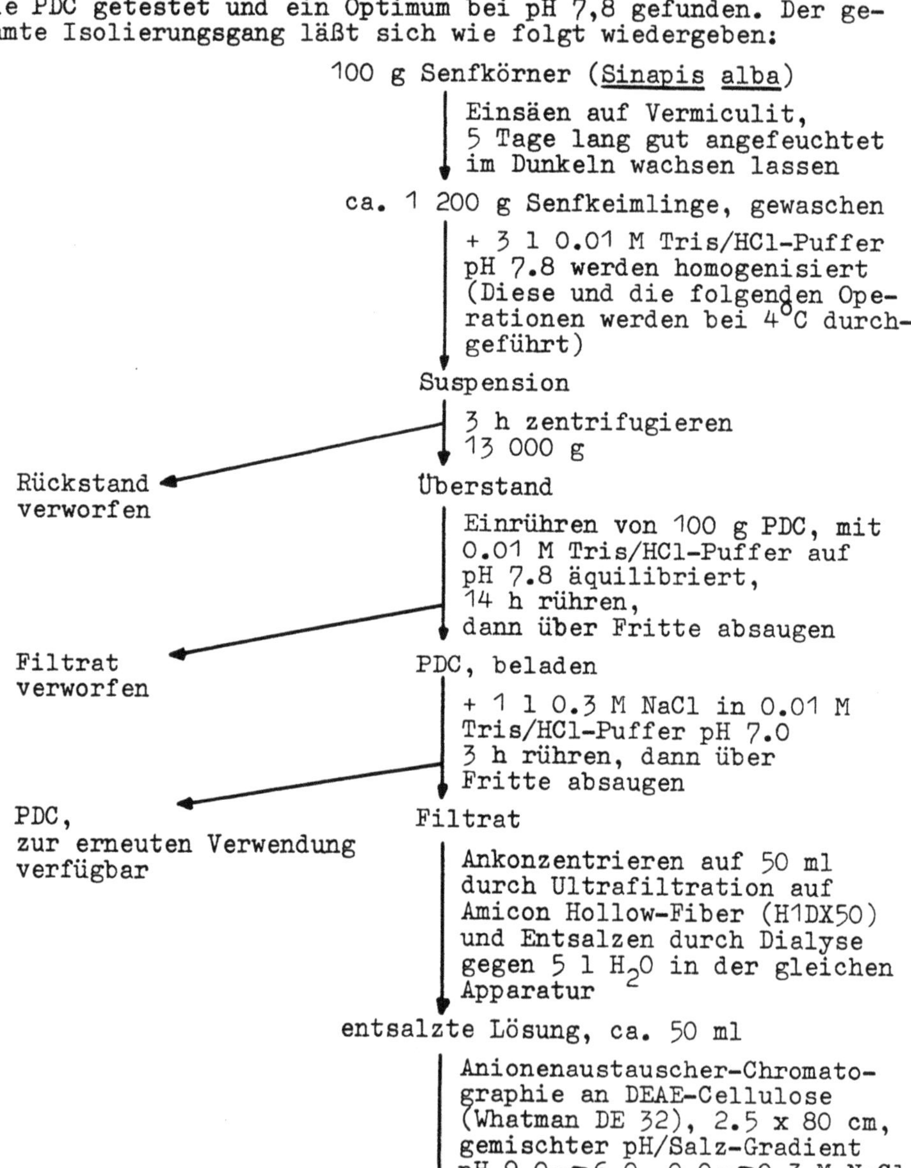

↓

aktive Fraktionen

Ultrafiltration auf Diaflow Membranfilter PM 30 zur Einengung

↓

eingeengte Lösung, ca. 13 ml

Geldiffusions-Chromatographie an Sephadex G-100, äquilibriert mit 0.01 M $MgCl_2$ in H_2O zur Reinigung und Umsalzung

↓

aktive Fraktionen

Ultrafiltration auf Diaflow Membranfilter PM 30 zur Einengung

↓

eingeengte Lösung, ca. 8 ml

Nach diesen Reinigungsoperationen war die spezifische Aktivität der alkalischen Phosphordiesterase etwa 270-fach gesteigert. Die Bilanz des gesamten Isolierungsganges ist in Tabelle 1 (s. Anhang) wiedergegeben.

3. Untersuchung zur Reinheit des isolierten Proteins

Als Reinheitskriterien wurden herangezogen:

1) Bei der Sephadex G-100-Trennung fällt der Proteinpeak mit dem Aktivitätspeak zusammen
2) Eine Wiederholung der Trennoperation ergab keine Zunahme der spezifischen Aktivität
3) In der Disc-Elektrophorese wandert das Protein ohne und mit SDS-Zusatz als einheitliche Bande (Abbildung 1)
4) Bei der Ultrazentrifugation sedimentiert das Protein einheitlich

Die Endpräparation ist frei von Diesteraseaktivität bei pH 5, sowie von 3′,5′- cyclischer Diesterase-, Phosphomonoesterase- und Ribonucleaseaktivität. Analog zur alkalischen Diesterase aus Schlangengift [5,6] hydrolysiert das Enzym ATP zu AMP und Pyrophosphat. Diese Reaktion verläuft analog zur Spaltung der Diester und kann offensichtlich vom gleichen aktiven Zentrum durchgeführt werden. Statt eines Alkohols tritt die Pyrophosphatgruppe aus.

4. Charakterisierung des Enzyms

4.1 UV-Spektrum

Abbildung 2a zeigt das UV-Spektrum des nativen Enzyms mit Mg^{++} als Cofaktor. Es zeigt die typische von Tyrosin und Tryptophan herrührende Absorption bei 280 nm, sowie eine schwache Absorption von Phenylalanin, die sich nur als Schulter bei 260 nm zu erkennen gibt. Die UV-Spektren der Mn^{++} - bzw. Co^{++} -substituierten Diesterase (Abbildung 2 b und 2 c) unterscheiden sich in charakteristischer Weise von dem des Mg^{++}-Enzyms: im Spektrum der Mn^{++}-haltigen Diesterase finden sich zusätzlich Banden (als Schultern) bei 320 nm und bei 220 nm. Das Spektrum des Co^{++}-Enzyms zeigt eine zusätzliche Bande bei 330 nm. Da das Apoenzym jeweils das gleiche bleibt, sollte es sich hierbei nur um Banden für Elektronenübergänge am Metallion handeln.

4.2 Aminosäureanalyse

Das Molekulargewicht der Diesterase wurde von Becker [8] mit 105000 Daltons angegeben. Zur Durchführung der Aminosäure-Analyse wurden 2 mg des Enzyms gefriergetrocknet, in 6 N HCl aufgenommen und bei 105°C 12 Std. hydrolysiert. Unter diesen Hydrolysebedingungen konnte eine Bestimmung des Tryptophangehaltes nicht vorgenommen werden; sie erfolgte optisch mit Hilfe von 2-Hydroxy-5-Nitrobenzylbromid (Koshland's Reagenz)[11]. Der Fehler in der Aminosäureanalyse muß zu etwa ± 3 % angenommen werden. Tabelle 2 zeigt das Ergebnis.

4.3 Stabilität des Enzyms gegen Änderungen der Temperatur, der Salzkonzentration und des pH-Wertes

Die alkalische Diesterase zeigte bei pH 8.5 eine beachtliche Hitzestabilität. So findet man bei einer Temperatur von 80°C nach 30 Minuten noch ca. 30 % der Aktivität. Abbildung 3 zeigt das Aktivitätsprofil gegenüber 5'-Thimidylsäure-p-nitrophenylester nach Inkubation der Enzymlösung bei verschiedenen Temperaturen. Die Mn^{++}- und Co^{++}- enthaltenden Diesterasen zeigen eine noch höhere Stabilität.

Abbildung 4 zeigt die SDS-Elektrophorese nach Zusatz zunehmender NaCl-Konzentrationen. Bei 0.6 M Lösungen beginnt das Enzym in zwei nichtidentische Untereinheiten zu dissoziieren, bei 0.7 M NaCl liegen nur noch die Untereinheiten vor. Aus der Wanderungsstrecke kann auf Molekulargewichte von 60000 und 45000 Daltons für beide Untereinheiten geschlossen werden [12]. Die Dissoziation in Untereinheiten bei 0.7 M NaCl ist auch in der Ultrazentrifuge nachzuweisen.
Irreversible Denaturierung findet im pH-Bereich unterhalb pH 3.5 statt, im alkalischen pH-Bereich tritt bis pH 12 keine irreversible Denaturierung ein, gemessen an der Aktivität bei pH 8.5 nach 30 Minuten Inkubation der Enzymlösung bei den betreffenden pH-Werten.

5. Untersuchungen zur Dissoziation des Enzyms in Untereinheiten

Bei der Erhöhung der NaCl-Konzentration geht die Aktivität des Enzyms verloren. Abbildung 5 zeigt die Abhängigkeit der Aktivitäten der Diesterase bei pH 8.5 von der NaCl-Konzentration. Wird die Salzkonzentration wieder gesenkt, so kehrt die Aktivität des Enzyms zurück. Da nach Reaggregation der Untereinheiten auch Reaktivierung erfolgt, ist zu erwarten, daß das proteingebundene Metallion in einer der beiden Untereinheiten verbleibt. Das aktive Zentrum enthält offensichtlich Anteile aus beiden Untereinheiten und wird durch die Dissoziation des Proteins aufgelöst.

Durch Chromatographie an Sephadex G-75 konnten die beiden Untereinheiten voneinander getrennt werden. Abbildung 6 zeigt die Elutionskurve. Durch Messung der Extinktion bei 585 nm konnte festgestellt werden, daß im Falle der Co^{++}-Diesterase das Metallion sich in der Untereinheit von 60000 Daltons befindet. Das Absorptionsspektrum dieser Untereinheit stimmt im sichtbaren Bereich mit dem der aktiven Diesterase überein, die Bande bei 330 nm fehlt jedoch. Diese Bande entsteht offensichtlich erst bei der Aggregation der Untereinheiten. Zumindest ein Teil der für die Substratbindung notwendigen funktionellen Gruppen muß sich demnach in der kleineren Untereinheit von ca. 45000 Daltons befinden.

6. Untersuchungen zum Reaktionsablauf

6.1 Spezifität des Enzyms

Das Enzym spaltet 3'→5'-Dinucleosidphosphate in der Ribo- und der Desoxyriboreihe. Die Geschwindigkeiten differieren dabei kaum. Es entstehen die 5'-Nucleotide und Nucleoside. In vorhergehenden Untersuchungen hatte Becker [8] festgestellt, daß die verschiedenen Kombinationen der Nucleoside keine größeren Schwankungen im K_m - und V_{max} -Wert bedingen. Da weiterhin nur der Nitrophenylester der 5-Thymidylsäure gespalten wird, nicht der der 3'-Thymidylsäure, wurde geschlossen, daß neben der Phosphatgruppe die Base des 5'-Nucleosids mit dem Enzym in Wechselwirkung tritt und zur Fixierung des Substrats beiträgt. Da die verschiedenen Nucleosidbasen keine einheitlichen Donor- und Acceptorstellen für Wasserstoffbrücken besitzen, sollte die Wechselwirkung vorwiegend hydrophober Natur sein.
Bei dieser Annahme sollten Basen, die durch Modifikation die normale Anti-Konformation nicht einnehmen können oder bei denen durch sperrige Substituenten die Auflage erschwert wird, geringere Reaktionsgeschwindigkeiten mit sich bringen. Tabelle 3 zeigt einige Ester von modifizierten 5'-Nucleotiden im Vergleich zu CpU. Man erkennt, daß Methylsubstituenten am Uracil noch keine Verlangsamung bewirken, daß aber bereits das Dihydrouridin wie auch das Dimethylaminouridin keine Spaltung mehr zulassen. Auch nach der N-Oxidation des Cytidins wie auch des Adenosins, die zu starken Veränderungen in der normalen Konformation führt, findet keine Spaltung mehr statt.

Das Trinucleosiddiphosphat ApCpC wird im ersten Schritt zu 5'-pC und ApC gespalten, das dann in einem zweiten Schritt zu A und 5'-pC hydrolysiert wird. Die obligate Fixierung der 5'-Base läßt offensichtlich einen Abbau der RNS nur vom 5'-Ende her zu.
Tabelle 4 zeigt, daß eine zusätzliche 3'-Phosphatgruppe am 5'-Nucleosid (z.B. ApAp) zu einer Verminderung der Geschwindigkeit führt. Die sperrige 2',3'-Isopropylidengruppe an gleicher Stelle verhindert dann die Spaltung völlig. Dies kann ein Hinweis sein, daß auch der Ribosering des 5'-Nucleosids für die richtige Auflage eine Rolle spielt.

Eine zusätzliche 5'-Phosphatgruppe am 3'-Nucleosid erhöht dagegen die Spaltungsgeschwindigkeit. Offensichtlich kann diese Phosphatgruppe zusätzlich zur Bindung beitragen, wobei der Abbau der Oligonucleotide vom 5'-Ende her gesteigert wird. Der K_m-Wert sinkt und der V_{max}-Wert steigt.

Interessant ist der Anstieg der Geschwindigkeit bei den 5'→5'-Dinucleosidphosphaten (5'→5'-ApA, wobei der K_m-Wert um einen Faktor von 3 niedriger, der V_{max}-Wert aber um einen Faktor von 15 höher liegt. Damit werden diese Verbindungen bei niedriger Substratkonzentration ca. 50 mal schneller gespalten, was allein aus der Chance resultieren sollte, daß die Auflage jeder Base zu einem Komplex führt, aus dem ein Produkt entlassen werden kann.

Bei den 3'→5'-Dinucleosidphosphaten konnte kaum ein Unterschied in den kinetischen Parametern K_m und V_{max} beobachtet werden. Tabelle 5 zeigt, daß auch die 2'→5'-Dinucleosidphosphate mit vergleichbarer Geschwindigkeit gespalten werden. Tatsächlich ist die relative Stellung von Phosphat und 5'-Base in den 2'→5'-Derivaten gegenüber 3'→5'-Dinucleosidphosphaten weitgehend unverändert [13]. Es spielt offensichtlich keine allzu große Rolle, ob das austretende Nucleosid in der 2'- oder in der 3'-Stellung gebunden war.

Der Ersatz eines Nucleosids durch einen Benzylalkohol senkt nicht die Geschwindigkeit, jedoch setzt die Substitution der Benzyl- durch eine Methylgruppe die Geschwindigkeit beträchtlich herab. Es muß daran gedacht werden, daß beim Methylester die Phosphatgruppe relativ frei beweglich ist, während sie beim Benzylester durch einen "stacking"-Effekt, ähnlich wie bei den Dinucleosidphosphaten, wahrscheinlich fester liegt. Die hohe Geschwindigkeit beim 5'-Thymidylsäure-p-nitrophenylester im Vergleich zum Benzylester resultiert offensichtlich aus der hohen Elektrophilie am Phosphor, bedingt durch die p-Nitrophenylgruppe. Hieraus ergibt sich ein Hinweis, daß nicht die Bindung des Substrats, sondern der katalytische Schritt der geschwindigkeitsbestimmende ist.

6.2 Untersuchungen zum Austausch von Mg^{++} gegen Mn^{++} oder Co^{++}

Ein Austausch von Mg^{++}-Ionen gegen Mn^{++}-Ionen in der Diesterase war nur unterhalb pH 6 durchführbar. Abbildung 7 zeigt die pH-Abhängigkeit des Austauschs, gemessen an der Intensität der ESR-Spektren der Mn^{++}-haltigen Diesterase. Eine solche Abhängigkeit sollte von einer Destabilisierung des Mg^{++}-Komplexes durch Protonierung eines Liganden herrühren. Daher sollten Mg^{++}-enthaltende und Mn^{++}- und Co^{++}-substituierte Diesterasespezies für die an der Komplexbildung beteiligten funktionellen Gruppen jeweils verschiedene pK-Werte aufweisen. Abbildung 8 zeigt die verbleibende Aktivität bei pH 8.5 von (a)Mg^{++}-,(b)Mn^{++}-,(c)Co^{++}-enthaltender Diesterase nach Inkubation bei verschiedenen pH-Werten. Für das native Enzym spiegelt sich der bereits bei den Untersuchungen zur pH-Abhängigkeit des Austauschs von Mg^{++} - gegen Mn^{++}-Ionen gefundene pK-Wert von 5.8 wieder. Unterhalb von pH 5.8 wird offensichtlich die Bindung des Magnesiumions so schwach, daß das Metallion den Komplex verlassen kann und somit zur Katalyse nicht mehr zur Verfügung steht. Entsprechend ihrer Komplexbildungstendenz sind für die Mn^{++}- bzw. Co^{++}- Spezies die entsprechenden pK-Werte im Komplex nach 4.5 bzw. 4.3 verschoben. Ein vorstellbares System, das dieses Verhalten beschreibt, kann in der Wechselwirkung eines Carboxylatanions einer Asparagin- oder einer Glutaminsäure mit der protonierten Form eines Histidins gesehen werden. Die Destabilisierung des Mg^{++}- Komplexes entspricht dann der Protonierung des im Komplex gebundenen Imidazols. Dadurch wird der Austausch ermöglicht, das System bleibt reversibel. Erst die Protonierung des Carboxylats bewirkt irreversible Denaturierung durch Konformationsänderungen.

6.3 Untersuchungen zur Funktion der proteingebundenen Metallionen

Wenn das Metallion an der enzymatischen Hydrolyse mit einem Hydroxoliganden teilnimmt, sollte die Substitution von Mg^{++} gegen Mn^{++} oder Co^{++} einen Einfluß auf die Lage des pH-Optimums der Reaktion besitzen. Abbildung 9a-c zeigt, daß das Optimum der Hydrolyse beim nativen Mg^{++}-Enzym bei pH 8.5, beim Mn^{++}-Enzym bei pH 8.1 und bei der Co^{++}-substituierten Diesterase bei pH 9.0 liegt.

Aus dem Anstieg der Aktivität kann jeweils auf eine funktionelle Gruppe geschlossen werden, die erst nach Deprotonierung die aktive Spezies ergibt. Man kann dann aus der Lage des Anstiegs auf pK-Werte zurückschließen, die beim Mg^{++}-Enzym etwa 8.2, beim Mn^{++}-Enzym 7.8 und für die Co^{++}-substituierte Diesterase 8.5 betragen. Diese pK-Werte stimmen überein mit dem Übergang eines Aquoliganden in einen Hydroxoliganden bei oktaedrischer Koordination der betreffenden Metallionen [14]. Es scheint deshalb gerechtfertigt, einen Hydroxoliganden als direkten Reaktionspartner zu betrachten, der als Nucleophil an der Phosphatgruppe des Substrats angreift.

Während im pH-Bereich um 8 die Hydrolysegeschwindigkeit zunimmt, bleiben die entsprechenden K_m-Werte noch konstant. Dies deutet darauf hin, daß zwar Hydrolyse einsetzt beim Übergang der Aquokomplexe der Metallionen in Monohydroxokomplexe, jedoch das Gleichgewicht der Substratbindung an das Enzym davon unabhängig ist. Erst bei noch höherem pH steigt K_m an, wenn die Hydrolysegeschwindigkeit bereits abfällt. Der Anstieg von K_m kann nicht durch einen schnelleren Zerfall des ES-Komplexes erklärt werden, da die Umsetzungsgeschwindigkeit in diesem Bereich abfällt. Offensichtlich muß der Bindungsschritt verzögert sein. Diese Verzögerung sollte dann einhergehen mit der Deprotonierung einer funktionellen Gruppe, die einen pK-Wert im Bereich von etwa 9.5 besitzt. In diesem Bereich deprotonieren die phenolische OH-Gruppe von Tyrosin, sowie die ε-Ammoniumgruppe von Lysin. Damit könnte man die schwächere Bindung zurückführen einerseits auf ein Lysin, das die Bindung zur Phosphatgruppe herstellt, andererseits aber auch auf ein Tyrosin, das nach Deprotonierung als stärker hydratisiertes Anion die hydrophobe Wechselwirkung mit der Nucleosidbase beeinträchtigt.

6.4 Untersuchungen zur Bindung von Inhibitoren

Als kompetitiver Inhibitor der Diesterasereaktion wurde bereits in früheren Untersuchungen [15] der 5'-Adenosinester der t-Butylphosphonsäure erkannt. Im Falle des Co^{++}-Enzyms läßt sich die Bindung des Inhibitors durch Registrierung des Absorptionsspektrums des Co^{++}-Komplexes verfolgen. Abbildung 10 zeigt das Absorptionsspektrum des Co^{++}-Hexaquokomplexes (a), des Co^{++}-Enzymkomplexes (b), sowie das Enzymspektrum nach Zugabe von 5'-Adenosin-t-Butylphosphonat in 1000-fach molarem Überschuß (c). Die Spektren des Co^{++}-Hexaquokomplexes und der Co^{++}-substituierten Diesterase sind in der Struktur gleich, das Maximum des Enzymspektrums ist jedoch um 60 nm zum langwelligen Bereich verschoben. Die Lage der Bande, der geringe molare Extinktionskoeffizient von ca. 30 und die Dublettstruktur weisen auf oktaedrische Ligandierung des Metallions hin. Da das Maximum des Co^{++}-Enzyms im Vergleich zum Co^{++}-Hexaquokomplex um 60 nm zu größerer Wellenlänge verschoben ist, kann eine Senkung der Anregungsenergie im oktaedrischen Feld um etwa 4 kcal/Mol angenommen werden, wenn das Co^{++} im Enzym gebunden wird. Dies läßt sich erklären durch eine gegenüber dem Hexaquokomplex erniedrigte Ligandenfeldstärke. Da im pH-Bereich von ca. 6 bis 10 kein Austausch von Metallionen stattfindet, kann das Co^{++} den Enzymkomplex nicht verlassen und verbleibt so in einem Zustand vergleichsweise geringer Stabilisierung durch das Ligandenfeld. Die Vorstellung der erniedrigten Ligandenfeldstärke im Co^{++}-Enzym gegenüber dem Hexaquokomplex steht im Einklang mit der geforderten Bindung des Metallions über einen Ladungsausgleich mit dem Carboxylat eines Asp oder Glu und einer zusätzlichen Koordinierung über ein Histidinimidazol.

Gleiche Struktur der Absorptionsspektren von Co^{++}-Diesterase und Co^{++}-Enzym-Inhibitor-Komplex deuten auf eine unveränderte Koordination des Metallkomplexes hin. Würde das Phosphonatanion direkt am Metallion binden, wobei es den Hydroxoliganden verdrängen müßte, so sollte sich das in einer Verschiebung des Maximums äußern, da sich wegen der Stellung des Phosphats in der spektrochemischen Reihe in einem solchen Fall auch die Stärke des Ligandenfelds ändern müßte. Tatsächlich findet sich das Maximum an der gleichen Stelle, woraus gefolgert werden darf, daß eine direkte Ligandierung des Phosphatanions am Metallion nicht stattfindet. Die Symmetrie der Bande verändert sich aber dahingehend, daß die Schulter bei 550 nm etwas intensiver wird. Eine schwache Wechselwirkung des Phosphonats mit dem Co^{++}-Komplex muß daher angenommen werden. Diese kann beschrieben werden als eine Bindung des Inhibitors an einer Stelle, die sehr nahe am Co^{++}-Bindungsort lokalisiert ist, und aus der eine Polarisierung des Komplexes resultiert.

Der im Co^{++}-Enzym beobachtete Charge-Transfer-Übergang bei 330 nm tritt nur bei höherem pH auf. Bei pH 4.3 zeigt die Bande 50 % der Maximalintensität, die sie bereits bei pH 6 erreicht. Die Intensität der Bande bleibt dann bis pH 10 konstant. Dies läßt sich so deuten, daß die Symmetrie des Metallionkomplexes im gesamten pH-Bereich von 6 bis 10 keine wesentliche Änderung erfährt. Der Befund steht in Übereinstimmung mit der beobachteten Stabilität der Co^{++}-Diesterase. Durch Erniedrigung des pH-Wertes wird offensichtlich ein Ligand des Co^{++}-Ions protoniert. Dies bewirkt einerseits, daß der zur Bande bei 330 nm führende Elektronenübergang unmöglich wird, und andererseits, daß gleichzeitig das Metallion den Proteinkomplex verlassen kann. Daher gelingt der Austausch von Metallionen im Protein erst bei kleinen pH-Werten glatt. Entsprechende Ergebnisse zeigten bereits die Untersuchungen zur pH-Abhängigkeit der Stabilität der Diesterase. Eine solch starke pH-Abhängigkeit für die Protonierung von Liganden am Metallion beim Übergang von Mg^{++} zu Mn^{++}, bzw. Co^{++} findet man häufig bei N-haltigen Komplexen. Die hier gefundene Reihe von pH 5.8 für das Mg^{++}, 4.5 für das Mn^{++}- und 4.3 für das Co^{++}-Enzym steht im Einklang mit den am System Imidazol-Metallion gefundenen Werten [16].

Die Messungen der Absorptionsspektren der Co^{++}-Diesterase stützen die Annahme, daß für die pH-Abhängigkeit der Enzymstabilität ein B-H-B-System von Carboxylat und Histidinimidazol verantwortlich gemacht werden kann. Tritt in diesem B-H-B-System an die Stelle des Protons ein zweiwertiges Metallion wie Mg^{++}, Mn^{++} oder Co^{++}, so kann beim Übergang zu höherem pH das aktive Enzym gebildet werden.

7. Bestimmung funktioneller Gruppen im aktiven Zentrum der Diesterase durch chemische Modifizierung

Nachdem aus den spektroskopischen Daten am Enzym-Inhibitor-Komplex keine Ligandierung der anionischen Phsophatgruppe am Metallion abzuleiten ist, sollte eine Bindung des Phosphodiestermonoanions durch eine elektrostatische Beziehung zu einer positiv geladenen Gruppe des Proteins postuliert werden. Für die elektrostatische Wechselwirkung mit dem Phosphatanion kommen hier vom Protein vor allem Arginin und Lysin infrage. Zusätzlich zu einer solchen elektrostatischen Wechselwirkung zwischen Enzym und Substrat muß noch eine Gruppierung im aktiven Zentrum vorhanden sein, die eine hydrophobe Beziehung zur 5'-Nucleosidbase herstellt. Als Ursache für den Anstieg von K_m bei höherem pH wurde bereits die Deprotonierung eines Tyrosins diskutiert. Diese Annahme ließ sich durch Versuche zur chemischen Modifizierung überprüfen. Es wurden daher Umsetzungen mit gruppenspezifischen Reagentien durchgeführt, um Auskunft über die Natur der an der Bindung der Substrate beteiligten Aminosäuren des Enzyms zu erhalten.

Zunächst wurde überprüft, ob reaktive SH-Gruppen im Molekül vorliegen. Hierzu wurde das Enzym sowohl mit 5,5'-Dithiobis-(2,2'-Nitrobenzoesäure) (Ellmann's Reagens), als auch mit p-Chlor-mercuribenzoat inkubiert. In beiden Fällen war eine Abnahme der Aktivität nicht festzustellen. Da offensichtlich in der Diesterase keine freien SH-Gruppen vorliegen, sollte die Reaktion mit Jodacetat und Jodacetamid nur bei Methionin, Histidin und an den Aminogruppen ablaufen. Wegen der geringen Spezifität der Reaktion wurde die pH-Abhängigkeit der Reaktion verfolgt, um daraus Rückschlüsse auf funktionelle Gruppen des Enzyms zu ermöglichen. Nur im sauren und im alkalischen pH-

Bereich war eine Inaktivierung meßbar. Im alkalischen pH-Bereich beginnt die Inaktivierung offensichtlich mit der Deprotonierung einer Gruppierung mit einem pK von etwa 9.5. Eine entsprechende pH-Abhängigkeit wurde auch bei den kinetischen Messungen beobachtet. Dort findet man eine Abnahme der Umsetzungsgeschwindigkeit mit der Deprotonierung einer Gruppe mit gleichem pK-Wert. Für die Reaktion bei diesem hohen pH-Wert kommt im wesentlichen die ε-Aminogruppe eines Lysins infrage. Prinzipiell sollte auch ein Tyrosin in Betracht gezogen werden können. Die Inaktivierung im sauren pH-Bereich steigt mit der Protonierung einer Gruppierung, die einen pK bei etwa 5 haben sollte. In diesem Bereich können Carboxylatgruppen reagieren, wenn sie sich in Nachbarstellung von Histidin befinden, wie in der RNAse T_1 [17].

Im schwach alkalischen pH-Bereich reagiert Phenylglyoxal mit Guanidinogruppen von Argininen. Wenn angenommen wird, daß Arginin die Phosphatgruppe des Substrats bindet, sollte eigentlich diese Gruppe einem chemischen Angriff gut zugänglich sein und sich deshalb mit Phenylglyoxal blockieren lassen. Ein signifikanter Aktivitätsverlust war jedoch nicht meßbar, obwohl die Reaktion unter Bedingungen durchgeführt wurde, bei denen sonst Arginine glatt reagieren.

Wenn Arginin als phosphatbindende Gruppe ausfällt, kommt im pH-Bereich der Aktivität des Enzyms nur noch das Lysin infrage. Es wurden deshalb drei spezifische Reagentien eingesetzt: O-Methylisoharnstoff, 3,5-Dimethyl-1-Guanidopyrazol und Diketen.

Bei der Behandlung von Proteinen mit O-Methylisoharnstoff werden selektiv ε-Aminogruppen von Lysinen durch die stärker basischen Guanidinogruppen ersetzt. Bei der Diesterase konnte eine Inhibierung der Enzymaktivität nicht festgestellt werden. Dieses Ergebnis wurde durch die Umsetzung mit einem anderen Guanidinierungsreagens überprüft, dem 3,5-Dimethyl-1-Guanidopyrazol. Auch hierbei war ein Verlust der Enzymaktivität nicht meßbar. Da die Guanidinierung weiterhin die positive Ladung belässt, kann die postulierte Bindung der Phosphatgruppe jetzt auch zur Guanidinium-Gruppe des neu entstandenen Homoarginins erfolgen. In diesem Falle sollte jetzt die Reaktion mit Phenylglyoxal zur Inaktivierung führen. Tatsächlich wurde die Diesterase nach der Guanidinierung durch eine Umsetzung mit 1000-fach molarem Überschuß von Phenylglyoxal bei pH 10.0 innerhalb von 3 Stunden völlig inaktiviert. Dieses Ergebnis beweist, daß anstelle des nativ vorliegenden Lysins im aktiven Zentrum auch ein Homoarginin das Substrat mit seiner positiven Ladung binden kann. Erst nach Umsetzung des Homoarginins mit Phenylglyoxal, wenn also keine positive Ladung mehr vorhanden ist, geht die Enzymaktivität verloren. Ohne vorhergehende Guanidinierung tritt keine Inaktivierung mit Phenylglyoxal auf.

Zur weiteren Absicherung diente die Umsetzung mit Diketen, das bei Aminogruppen von Proteinen zur Acetoacetylierung führt. Aus den entstandenen Acetoacetylamiden können die Aminogruppen durch Zugabe von Hydroxylamin bei pH 7 wieder freigesetzt werden. Inkubation der Diesterase mit einem 100-fach molaren Überschuß an Diketen bei pH 9.5 führte zum sofortigen Verlust der gesamten Aktivität. Zugabe von Hydroxylamin (5-facher Überschuß gegenüber Diketen) reaktivierte das Enzym innerhalb von 1 Stunde zu 80 %. Diese recht spezifische Reaktion stellt zusammen mit den Guanidinierungsversuchen die Beteiligung eines Lysins an der Reaktion mit den Substraten weitgehend sicher.

Es war nun die Frage zu prüfen, ob tatsächlich Tyrosin die 5'-Nucleosidbase der Substrate fixiert, wie aus dem Verlauf der K_m-Werte nahegelegt wurde. Die Umsetzung von Tyrosin mit Jod führt zu 3,5-Dijodotyrosin. In Abwesenheit freier SH-Gruppen ist diese Reaktion spezifisch. Die Umsetzung der Diesterase mit 100-fach molarem Überschuß von Jod bei pH 8.5 führte innerhalb von 5 Stunden zur völligen Inaktivierung. Dieser Hinweis auf ein Tyrosin ließ sich weiterhin stützen durch eine Reaktion des Enzyms mit Tetranitromethan, die in Abwesenheit freier SH-Gruppen spezifisch zur Bildung von 3-Nitrotyrosin führt. Hier sollten zwei Effekte zur Inaktivierung des Enzyms beitragen. Wird die sperrige Nitrogruppe in den Ring eingeführt, sollte rein sterisch die Wechselwirkung des Aromaten mit der 5'-Nucleosidbase des Substrates beeinträchtigt werden. Weiterhin wird durch diese Substitution der pK-Wert für die Deprotonierung des Phenols auf 5.8 herabgesetzt, so daß bei pH 8.5 mit einer stärkeren Hydrathülle um das Anion eine hydrophobe Auflage der Nucleosidbase nicht mehr erwartet werden kann. Bei 100-fach molarem Überschuß von Tetranitromethan wurde die Diesterase innerhalb von 30 Minuten völlig inaktiviert. Die beiden Ergebnisse sprechen stark dafür, daß ein Tyrosin bei der Bindung der 5'-Nucleosidbase mitwirkt.

Da die Untereinheiten der Diesterase getrennt isoliert werden konnten, ließ sich auch nachweisen, ob dieses reaktive Tyrosin und auch das Lysin sich in der großen oder in der kleinen Untereinheit befinden. Das Metallion und seine Bindungspartner Carboxylat und Histidin befinden sich, wie bereits festgestellt, in der Untereinheit mit 60 000 Daltons. Da die Aktivität erst durch Zusammenführen beider Untereinheiten wiederkehrt, ließ sich durch Modifizierung der Untereinheit mit 45 000 Daltons alleine entscheiden, wo das Lysin und das Tyrosin lokalisiert sind.

Wurde die kleine Untereinheit mit Diketen behandelt und das überschüssige Diketen mit Propylamin abgefangen, so war nach Zusammengeben der Untereinheiten eine Reaktivierung nicht feststellbar. Wurde nach der Modifizierung zu der kleinen Untereinheit wieder Hydroxylamin zugegeben, so konnte nach Mischen der Untereinheiten wieder Aktivität nachgewiesen werden. Dieser Versuch legt die Annahme nahe, daß das für die enzymatische Katalyse notwendige Lysin in der Untereinheit von 43 000 Daltons lokalisiert ist.

Zur Prüfung, ob sich das reaktive Tyrosin ebenfalls in der kleinen Untereinheit befindet, wurde die Untereinheit von 45000 Daltons mit Tetranitromethan umgesetzt. Das überschüssige Tetranitromethan wurde entfernt, indem die Lösung mehrmals durch Ultrafiltration eingeengt und mit Wasser wieder aufgenommen wurde. Eine Reaktivierung war nach Mischen der großen

Untereinheit mit der so modifizierten kleinen Untereinheit nicht feststellbar.

Die Untereinheit mit einem Molekulargewicht von 45 000 Daltons beinhaltet also nicht nur das reaktive Lysin, sondern enthält offensichtlich auch das Tyrosin, dessen Modifizierung am Gesamtenzym die Hydrolyse der Substrate verhindert.

8. Diskussion und Zusammenfassung

Eine in alkalischen pH-Bereich von 8-9 wirkende Phosphorsäurediesterase aus Senfkeimlingen, die Mg^{++} als Cofaktor enthält, wurde durch chromatografische Methoden soweit gereinigt, daß keine Anhaltspunkte für Fremdproteine zu finden waren. Das Enzym spaltet in Nucleinsäuren bevorzugt die 3'-Esterbindung, wobei 5'-Nucleotide freigesetzt werden. Das Enzym mit einem Molekulargewicht von 105 000 Daltons besteht aus zwei Untereinheiten, die allein nicht aktiv sind. Die größere Untereinheit von ca. 60 000 Daltons enthält das Metallion. Durch pH-abhängige Untersuchungen des Metallaustauschs gegen Mn^{++} oder Co^{++} werden starke Hinweise erhalten, daß das Metallion durch eine Carboxylatgruppe (Asp oder Glu) und ein Histidin gebunden wird. Aus spektroskopischen Daten ergeben sich Hinweise für einen verzerrt oktaedrischen Komplex, bei dem die anderen vier Liganden Wassermoleküle sein sollten. Durch Modifizierungsreaktionen am aktiven Enzym, wie auch an der Untereinheit mit ca. 45 000 Daltons läßt sich zeigen, daß an der Bindung des Substrats ein Lysyl- und ein Tyrosylrest beteiligt sind, die sich beide in der kleineren Untereinheit befinden. Die kinetischen Untersuchungen zeigen, daß die Aktivität in dem pH-Bereich beginnt, wo an dem jeweiligen Metallion ein Aquo- in einen Hydroxoliganden übergeht. Damit wäre ein Komplex mit einem Hydroxoliganden die aktive Spezies, die die Hydrolyse des Diesters einleitet. Untersuchungen an modifizierten Substraten lassen auf einen Mechanismus schließen, der davon ausgeht, daß der Diester zunächst durch elektrostatische Beziehung mit einem Lysin und durch hydrophobe Beziehungen der 5'-Nucleosidbase mit einem Tyrosin in einem Vorkomplex gebunden wird. In diesem Vorkomplex ist die Phosphatgruppe so gelagert, daß der Hydroxoligand des Metallkomplexes am Phosphor gegenüber der austretenden Alkoholkomponente angreifen kann und eine Me-O-P-Bindung ausbildet. In diesem Komplex wirkt das Metallion als Lewissäure, die die Elektrophilie am Phosphor so stark steigert, daß ein Wasserangriff ohne weitere Aktivierung erfolgen kann. Dabei sollte die Me-O-P-Bindung am Phosphor wieder gelöst werden. <u>Abbildung 11</u> skizziert diesen Mechanismus. Es kann weiterhin gezeigt werden, daß in Gegenwart von Methanol auch der Methylester von 5'-Nucleotiden gebildet wird. In Analogie sollte dann auch der Wasserangriff am Phosphor, nicht am Metallion erfolgen.

Verzeichnis der Abkürzungen

v_o	= Anfangsgeschwindigkeit
V_{max}	= Maximalgeschwindigkeit
K_m	= Michaelis-Konstante
k_{+1}, k_{-1}, k_{+2}, k_{cat}	= Geschwindigkeitskonstanten
RNase	= Ribonuclease I (E.C. 3.1.4.22.)
ATPase	= Adenosintriphosphatase (E.C. 3.6.1.3.)
RNS	= Ribonucleinsäure
DNS	= Deoxyribonucleinsäure
ATP	= Adenosintriphosphat
ApC, CpA, usw.	= Dinucleosidphosphate in 3'→5'-Verknüpfung
5'-Ap, 5'-Cp	= 5'-Adenylsäure, 5'-Cytidylsäure
me pA, me pC	= Methylester von 5'-Nucleotiden
benz pA, benz pC	= Benzylester von 5'-Nucleotiden
benz pA (N1-Oxid)	= Benzylester der 5'-Adenylsäure mit N-Oxid am N1 des Adenins
(d)Cp(d)C, p(d)Cp(d)C	= Dinucleosidmonophosphat, bzw. Dinucleotid aus der Deoxyriboreihe
Cp Oro	= Cytidylyl-3'→5'-Orotidin
Cp ^{3me}U, Cp ^{5me}U Cp ^{6me}U	= Cytidylyl-3'→5'-3-(5 bzw. 6)-Methyl-Uridin
Cp ^{h_2}U	= Cytidylyl-3'→5'-Dihydro-Uridin
Cp $^{5me_2am}U$	= Cytidylyl-3'→5'-5-Dimethylamino-Uridin
NpT	= Nitrophenylester der 2'-Deoxy-5'-Thymidylsäure
TpN	= Nitrophenylester der 2'-Deoxy-3'-Thymidylsäure
BpNPP	= Bis-p-Nitrophenylphosphat
Tris	= Tris-(hydroxymethyl)-aminomethan
SDS	= Natriumdodecylsulfat

Tabellen

Tabelle 1:

Reinigungsschritt	Volumen (ml)	Aktivität (U/ml)	ges.Akt. (U)	Prot.Konz. (mg/ml)	spez.Akt. (U/mg Prot)	Ausbeute (%)	R.E.
1. Rohextrakt	4160	76	316000	0.70	109	100	1
2. PDC, 0.3M NaCl pH 7.0, Dialyse	940	231	217000	0.20	1150	69	10.5
3. DE 32, Frkt.9-14 Ultrafiltration	13	8950	116200	2.6	3420	37	31.4
4. Sephadex G-100 Frkt. 11-16 Ultrafiltration	8	11700	93600	0.4	29300	29	269

Tabelle 2: Aminosäureanalyse der alkalischen Diesterase aus Senfkeimlingen

Lys	18	Ala	66
His	18	Val	60
Arg	12	Met	48
Asp	60	Ile	54
Cys-SH	36	Leu	48
Thr	66	Tyr	18
Ser	54	Phe	54
Glu	66	NH_3	31
Pro	72	Trp	20
Gly	66		

Tabelle 3: Einfluß der Modifizierung der 5'-Base in Dinucleosidphosphaten auf die Umsetzungsgeschwindigkeit, 0.01 M Tris/HCl-Puffer pH 8.0, 25°C

Substrat	$s_o x 10^{-4}$ (M)	$v_o x 10^{-6}$ (M/min)
CpU	0.5	1.5
$Cp^{3me}U$	o.5	1.2
$Cp^{5me}U$	0.5	1.6
$Cp^{6me}U$	0.5	1.0
CpOro	0.5	2.0
$Cp^{h2}U$	0.5	-
$Cp^{5me2am}U$	0.5	-
CpC(N1-Oxid)	0.5	-
benz pA(N1-Oxid)	0.5	-
benz pA	0.5	1.2

Tabelle 4: Einfluß von Substituenten in 2'- und 3'- Position auf die kinetischen Konstanten K_m und V_{max}, 0.01 M Tris/HCl-Puffer pH 8.0, 25° C.

Substrat	$K_m x 10^{-4}$ (M)	$V_{max} x 10^{-6}$ (M/min)
(d)Cp(d)C	0.72	7.6
p(d)Cp(d)C	0.17	19.0
ApA	0.36	3.8
ApAp	5.2	0.14
5'→5'-ApA	0.1	60
Bis-2',3'-Ipro-5'→5'-ApA	-	-

Tabelle 5: Hydrolyseraten verschiedener Substrate, 0.01 M Tris/HCl-Puffer pH 8.0, 25° C.

Substrat	$K_m x 10^{-4}$ (M)	$V_{max} x 10^{-6}$ (M/min)
3'→5'-ApU	0.74	7.1
2'→5'-ApU	1.2	5.1
benz pC	0.8	7.0
benz pA	0.76	8.2
me pC		sehr langsam
me pA		sehr langsam
NpT	0.61	334
BpNPP	143	8.7

Literaturverzeichnis

[1] Harvey,C., Malsmann,W., Nussbaum,A.L.
Biochem. 6, 3689 (1967)

[2] Harvey,C.L., Olson,K.C., Wright,R.
Biochem. 9, 921 (1970)

[3] Udvardy,J., Marré,E., Farkas,G.L.
Biochim. Biophys. Acta 206, 392 (1970)

[4] Lerch,B, Wolf,G.
Biochim. Biophys. Acta 258, 206 (1972)

[5] Privat de Garilhe,M., Laskowski,M.
Biochim. Biophys. Acta 18, 370 (1955)

[6] Laskowski,S.R.M.
in Boyer,P.D., "The Enzymes", Bd. 4, 313 ff.
Academic Press, New York, 1971

[7] Storkebaum,W., Witzel,H.
Forschungsberichte des Landes Nordrhein-Westfalen,
Nr. 2523

[8] Becker,R.
Thesis, Marburg 1972

[9] Dimroth,K., Witzel,H., Hülsen,W., Mirbach,H.
Ann. Chem. 620, 94 (1959)

[10] Britton,E.G.
J.Am.Chem.Soc. 127, 2115 (1925)

[11] Koshland,D.E., Karkhanis,Y.D., Latham,H.G.
J.Am.Chem.Soc. 86, 1448 (1964)

[12] Weber,K., Osborn,M.
J.Biol.Chem. 244, 4406 (1969)

[13] Gumbinger,H.G.
unveröffentlichte Ergebnisse

[14] Feitknecht,W.
Helv.Chim.Acta 21, 770 (1938)

[15] Berg,D.
Diplomarbeit, Münster 1973

[16] Sundberg,R.J., Martin,R.B.
Chem.Rev. 74, 471 (1974)

[17] Takahashi,K., Stein,W.H., Moore,S.
J.Biol. Chem. 242, 4682 (1967)

Abbildungen

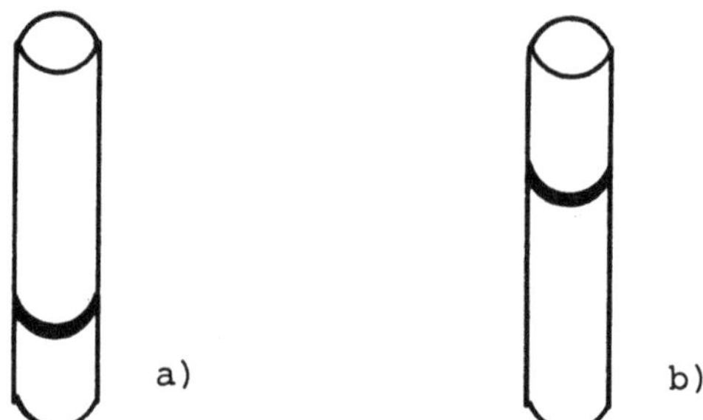

Abb. 1: (a) Standard-Disk-Elektrophorese der Endpräparation
(b) SDS-Elektrophorese der Endpräparation

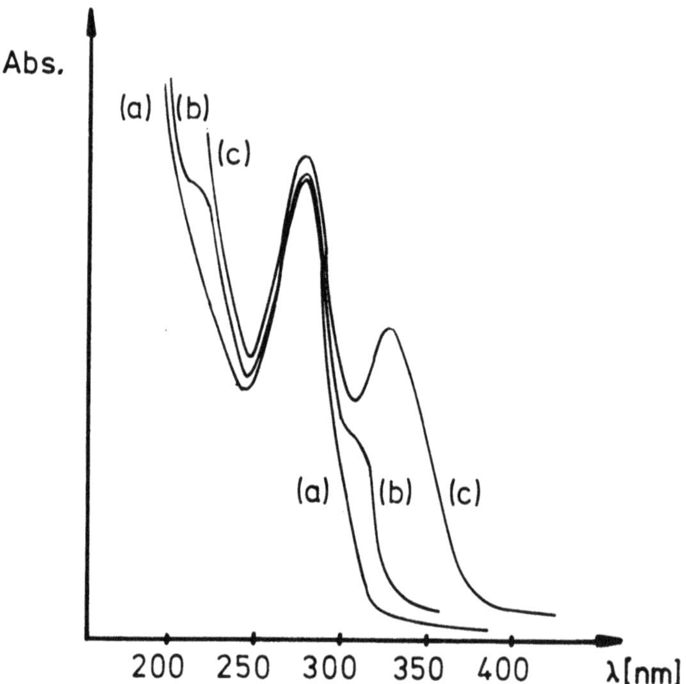

Abb. 2: UV-Spektren der alkalischen Diesterase bei pH 8.5 mit (a) Mg^{++}, (b) Mn^{++} und (c) Co^{++} als Cofaktor

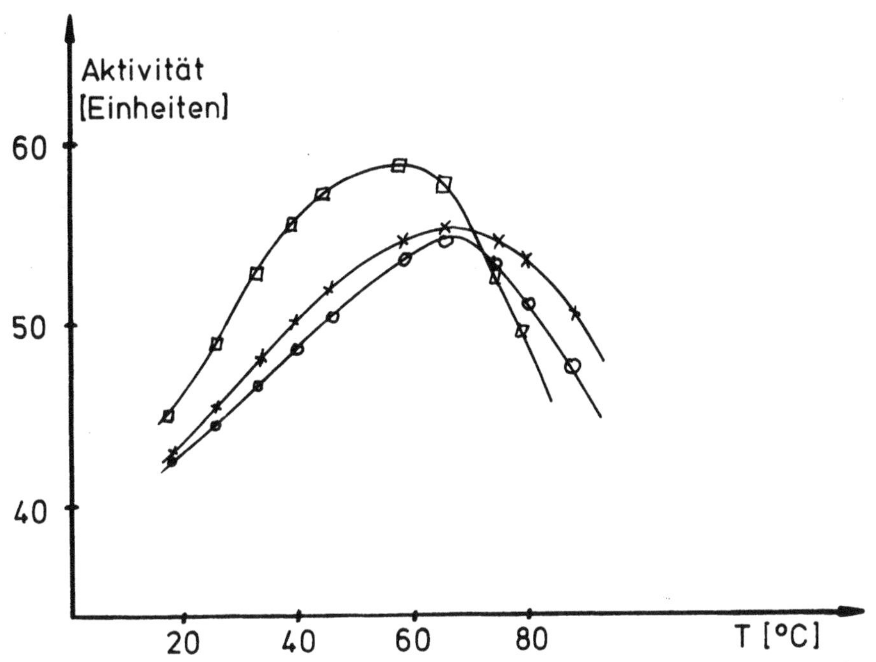

Abb. 3: Aktivität der (a) Mg^{++}-, (b) Mn^{++}- und (c) Co^{++}-substituierten Diesterase gegenüber NpT nach 30 Min. Inkubation bei verschiedenen Temperaturen

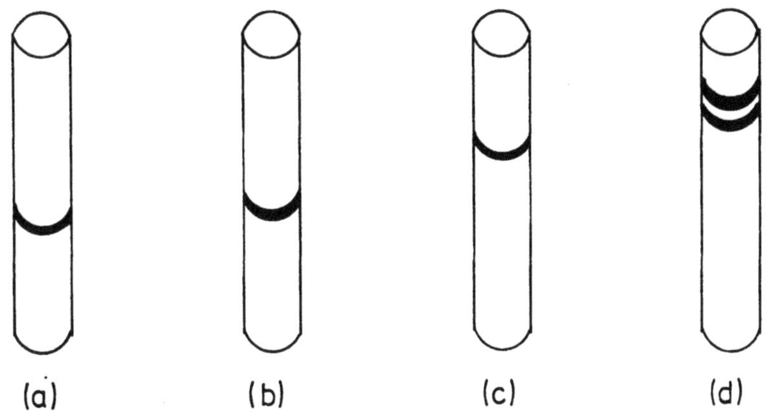

Abb. 4: SDS-Elektrophoresen der alkalischen Phospodiesterase ohne NaCl (a) und in Gegenwart von 0.3 M NaCl (b), 0.5 M NaCl (c) bzw. 0.7 M NaCl (d)

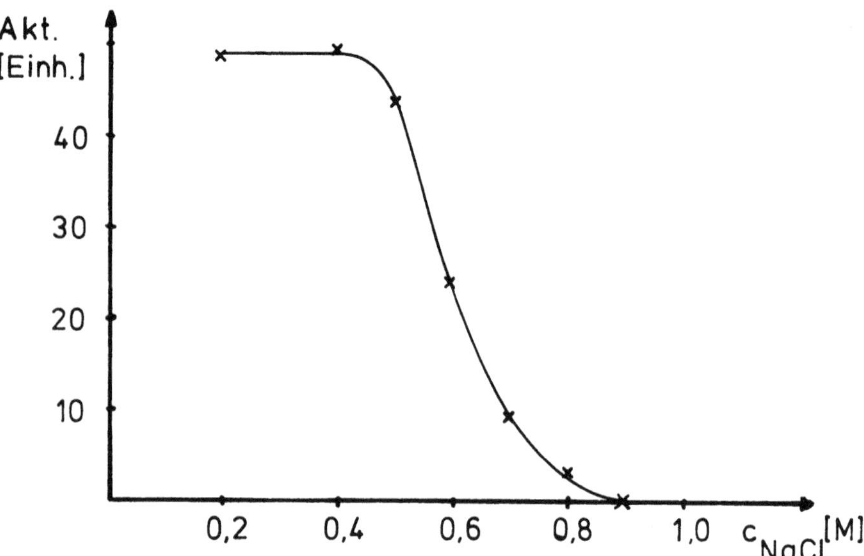

Abb. 5: Abhängigkeit der Aktivität der Diesterase bei pH 8.5 von der NaCl-Konzentration

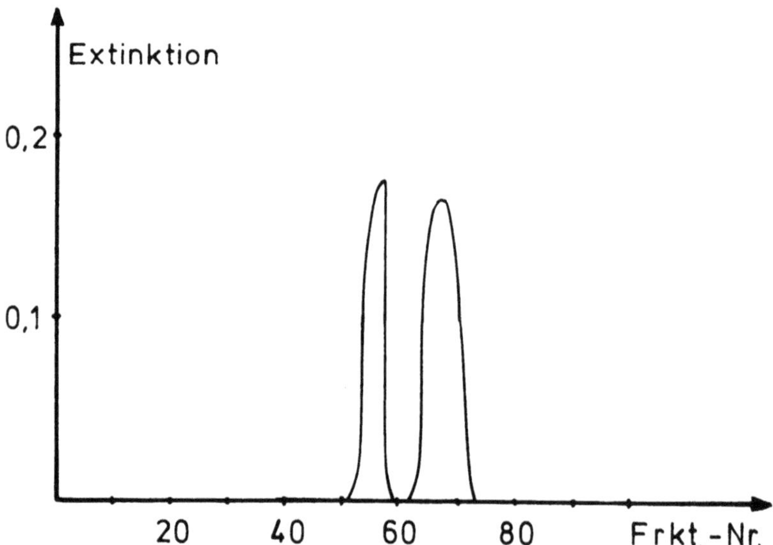

Abb. 6: Trennung der Untereinheiten der Diesterase an Sephadex G-75, äquilibriert mit 1 M NaCl

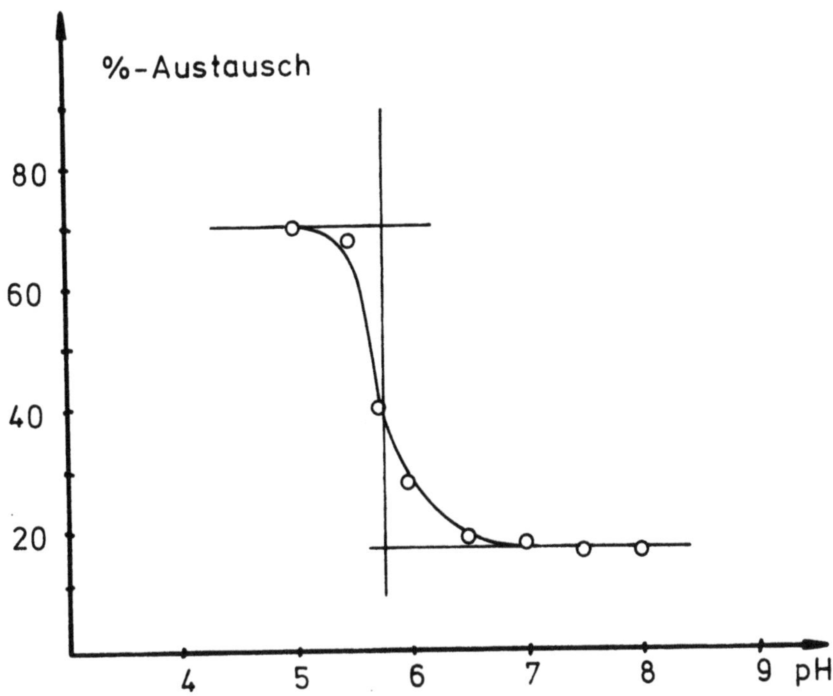

Abb. 7: pH-Abhängigkeit des Austauschs von Mg^{++}- gegen Mn^{++}-Ionen bei der alkalischen Diesterase

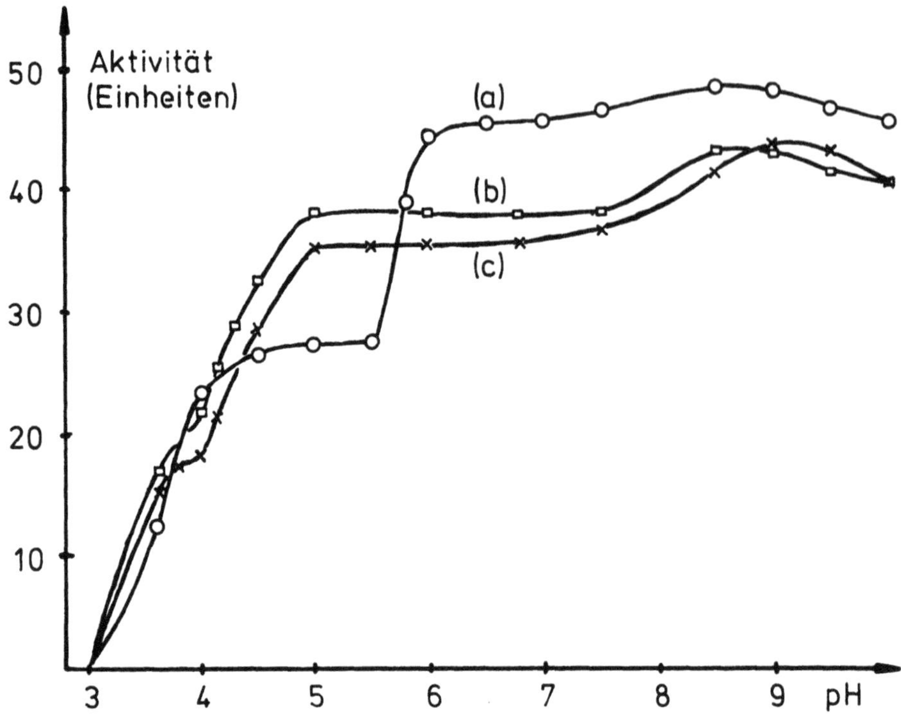

Abb. 8: pH-Abhängigkeit der verbleibenden Aktivität von (a) Mg^{++}-, (b) Mn^{++}- und (c) Co^{++}-enthaltender Diesterase 30 Min. Inkubation bei den betreffenden pH-Werten, 37°C, Test bei pH 8.5

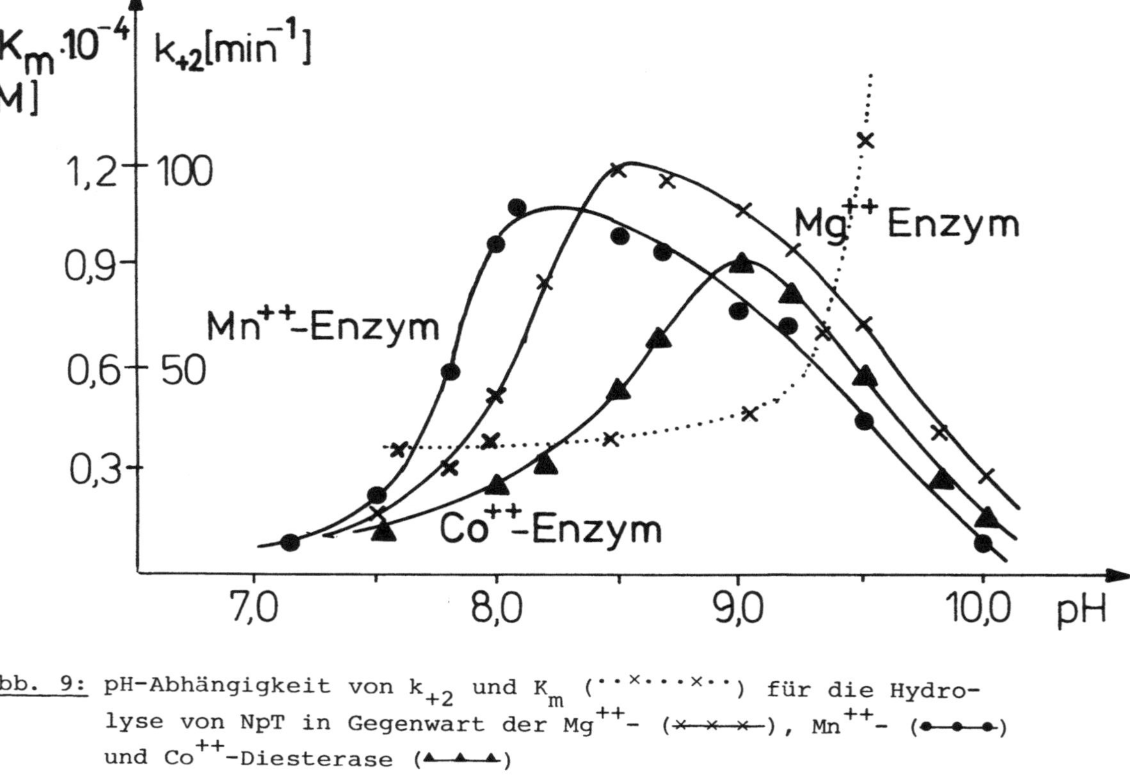

Abb. 9: pH-Abhängigkeit von k_{+2} und K_m (··×····×··) für die Hydrolyse von NpT in Gegenwart der Mg^{++}- (×—×—×), Mn^{++}- (●—●—●) und Co^{++}-Diesterase (▲—▲—▲)

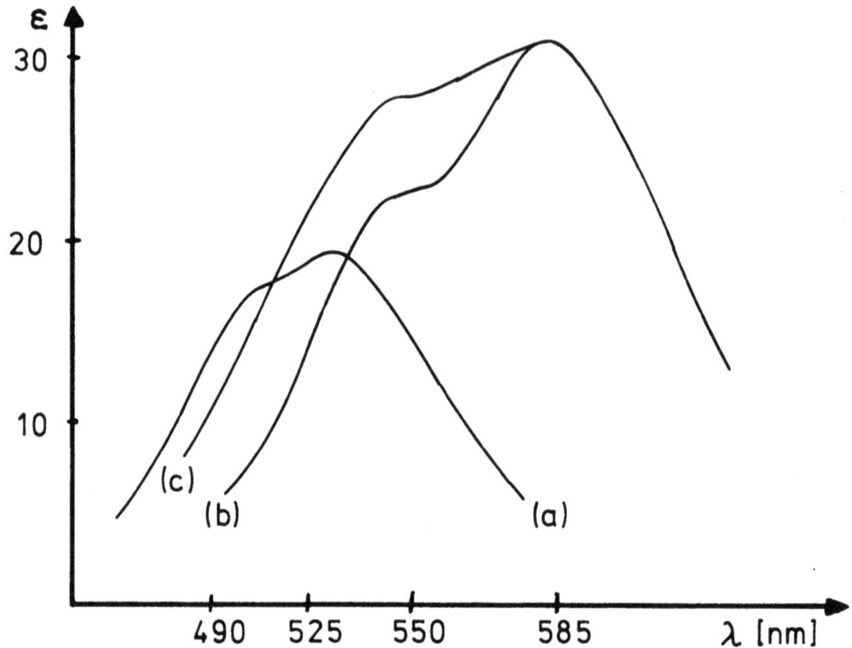

Abb. 10: Absorptionsspektren des Co^{++}-Hexaquokomplexes (a), der Co^{++}-substituierten Phosphodiesterase bei pH 9.0 ohne Inhibitor (b) und in Gegenwart von 5'-Adenosin-t-Butylphosphonat als kompetetivem Inhibitor in 1000-fach molarem Überschuß (c)

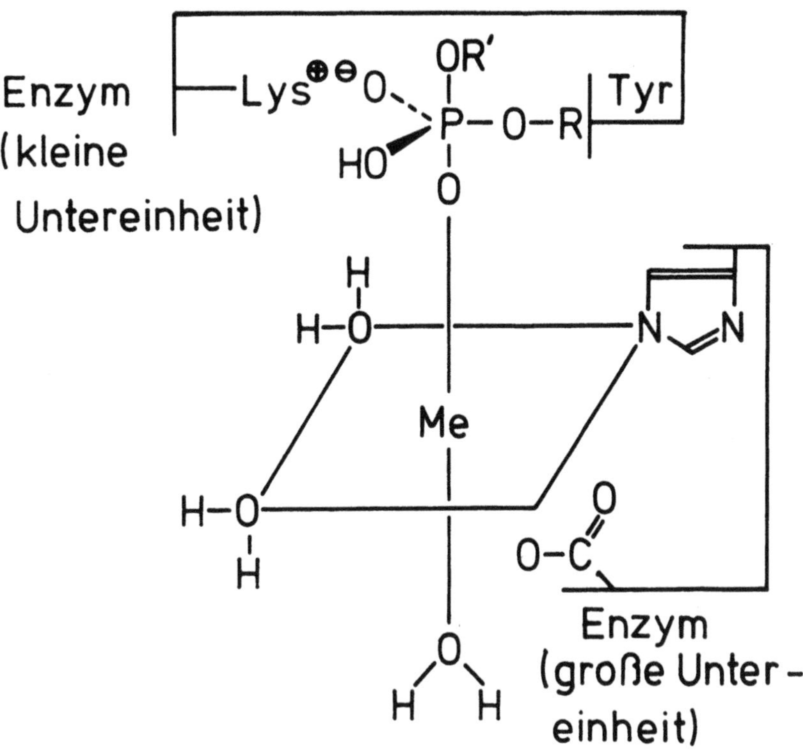

Abb. 11: Enzym-Substratkomplex der alkalischen Diesterase mit einem Phosphorsäurediester als Substrat (R=5'-Nucleosid, R'=austretende Alkoholkomponente)

GPSR Compliance
The European Union's (EU) General Product Safety Regulation (GPSR) is a set of rules that requires consumer products to be safe and our obligations to ensure this.

If you have any concerns about our products, you can contact us on

ProductSafety@springernature.com

In case Publisher is established outside the EU, the EU authorized representative is:

Springer Nature Customer Service Center GmbH
Europaplatz 3
69115 Heidelberg, Germany

www.ingramcontent.com/pod-product-compliance
Ingram Content Group UK Ltd.
Pitfield, Milton Keynes, MK11 3LW, UK
UKHW061700190726
13853UKWH00008B/2327